Leonard Lee Rue III

RAUBVÖGEL

parkland

Konzept und Herstellung: Todtri Productions Ltd, New York, auf Initiative von Euredition, Den Haag

Betreut von Euredition, Den Haag, erscheint dieser Titel gleichzeitig in Deutschland, Frankreich, Großbritannien, Italien, den Niederlanden und Schweden

Übersetzung: Alfred P. Zeller
Satz: Buro AD, Amersfoort
Printed in Singapore

ISBN 3-88059-742-1

EINFÜHRUNG

Dieser afrikanische Fischadler hat soeben einen dicht an der Wasseroberfläche schwimmenden Fisch erbeutet.

Was ist ein Raubtier? *Als Raubtier bezeichnet man ein Tier, das lebende Beutetiere erjagt. Dementsprechend nannte man früher auch Vögel, die sich von tierischer Kost ernähren, Raubvögel. Heute wird dieser Begriff von den Zoologen nicht mehr angewendet, da sich auch viele dieser Ordnung nicht angehörige Vögel von Lebewesen ernähren, beispielsweise die Schwalbe, die Insekten fängt, oder die Meise, die Würmer aufpickt. Deshalb hat man die frühere Ordnung der Raubvögel in Greifvögel umbenannt und faßt unter diesem Oberbegriff alle Vögel zusammen, die ihre Beute mit den Fängen, ihren mit scharfen Krallen ausgestatteten Füßen, ergreifen. Da dies auch die Eulen tun, wurden sie in dieses Buch mit aufgenommen, obwohl sie einer anderen Ordnung angehören. Andererseits zählen zu den Greifvögeln auch die Geier, obwohl diese sich vornehmlich oder ganz von Aas ernähren. Die Ordnung Greifvögel* (Falconiformes) *wird von vier Familien gebildet: 1. Neuweltgeier* (Cathartidae), *2. Sekretäre* (Sagittariidae), *3. Habichtartige* (Accipitridae), *4. Falkenartige* (Falconidae). *Zusammen zählen sie 291 Arten. Der Ordnung Eulen* (Strigiformes) *gehören zwei Familien an: 1. Schleiereulen* (Tytonidae), *2. Eulen im eigentlichen Sinn* (Strigidae) *mit insgesamt 28 Gattungen und rund 144 Arten.*

Der Steppenadler (Raubadler) ist in Asien und Afrika der weitestverbreitete Adler dieser Größe. Zwar schlägt er auch Nagetiere und Vögel, doch in der Hauptsache ist er ein Aasfresser.

Der Urvogel (Archaeopteryx) *lebte vor etwa 180 Millionen Jahren im Erdmittelalter, der Jurazeit, in einer Welt, die von den Dinosauriern beherrscht wurde. Er hatte sich aus baumbewohnenden Echsen entwickelt, deren Hornschilder sich am Schwanz und an den Vordergliedmaßen zu Federn umgebildet hatten. Urformen der Greifvögel entstanden im Tertiär während des Eozäns vor rund 85 Millionen Jahren; aus ihnen haben sich einige Eulenarten und einige Neuweltgeier entwickelt. Im Oligozän vor 36 Millionen Jahren traten an die Stelle der Ureulen* (Protostix) *die Eulen, Uhus, Bussarde, Sekretäre und einige Adlerarten, deren Nachfahren noch heute die Erde bevölkern.*

Als Goldenes Zeitalter der Greifvögel kann man das Miozän vor 25 Millionen Jahren bezeichnen. Damals entwickelten sich viele Arten mit gewaltigen Populationen, die weit zahlreicher waren, als es ihre Nachfahren heute sind. Im Miozän entstanden die Seeadler, die Altweltgeier, die Gleitaare, die Schleiereulen und die Falken. Aus dem Pliozän vor 12 Millionen Jahren stammen die Riesenkondore, die Königsgeier und die Truthahngeier. Der mit einer Flügelspannweite von fünf Meter größte Kondor (Teratornis) *ist inzwischen ausgestorben. Der größte flugfähige Vogel unserer Zeit, der Andenkondor, klaftert drei Meter.*

Ab dem Pleistozän bis in unsere Zeit hinein entwickelten sich die Weihe, die Kanincheneule, die Kreischeule, der Karakara, der Fischadler und der Lämmergeier, der eine Flügelspannweite von etwa 2,7 Meter hat. Seit alters werden viele der Falkenartigen, der Wanderfalk, der Gerfalk, der Habicht und andere, für die Beizjagd eingesetzt, die früher ein Privileg der Herrscher war und die sich nur Angehörige der Oberschicht leisten konnten. Die Falknerei ist noch heute ein beliebtes Freizeitvergnügen reicher arabischer Scheichs.

Viele Jahrhunderte lang wurden Greifvögel und Eulen gnadenlos verfolgt, weil sie Nahrungskonkurrenten des Menschen waren und seine Geflügelzucht beeinträchtigten. Ich bin auf dem Land aufgewachsen, und dort wurde mir schon als kleines Kind eingebleut, daß alle Bussarde, Habichte und Falken Ge-

flügel fräßen und deshalb abgeschossen werden müßten. Ich habe als Zwölfjähriger einen Greifvogel abgeschossen, nachdem ich mein erstes Gewehr erhalten hatte. Es war eine Rohrweihe, die mir so leid tat, daß ich später nie mehr auf Greifvögel geschossen habe.

Erst Jahre danach wurde mir bewußt, wie nützlich Greifvögel und Eulen für den Naturhaushalt sind. Zu jener Zeit zahlten noch einige Staaten der USA Abschußprämien für »Raubvögel«, und es dauerte lange, bis die Erkenntnis der Nützlichkeit dieser Vögel zum Allgemeingut wurde. Erst jetzt sah sich die amerikanische Regierung veranlaßt, Gesetze zum Schutz der Falkenartigen, der Eulen und Adler zu erlassen. Gottlob sind die Greifvögel und Eulen heute in zahlreichen Staaten der Erde geschützt, so daß ihre durch tiefgreifende Veränderungen ihrer Lebensräume und wachsende Umweltvergiftung drohende Ausrottung abgewendet werden konnte. Die Greifvogel- und Eulenbestände haben sich in vielen Teilen der Erde in jüngster Zeit wieder soweit erholt, daß die meisten Arten heute nicht mehr als unmittelbar gefährdet gelten.

Diese jungen Bussarde werden demnächst flügge. Das Nest, in dem sie aufgewachsen sind, ist stark verwittert und überwachsen. Offenbar wird es schon seit Jahren immer wieder benutzt.

Truthahngeier sind sehr gesellig; nur während der Balz sondern sich die Paare ab. Gewöhnlich lassen sich Truthahngeier auf abgestorbenen Bäumen nieder, deren Äste manchmal unter der Last der zahlreichen Vögel abbrechen.

TRUTHAHNGEIER

Der Truthahngeier *(Cathartes aura)* hat eine Flügelspannweite von 1,8 Meter. Beim Flug sind die Flügel leicht nach oben gestellt. Der kahle Kopf mit lappigen Hautfortsätzen ist rot, die Augen sind bernsteingelb. Bei jungen Geiern sind Gesicht und Kopf dunkelgrau. Die Gefiederfarbe ist ein sehr dunkles, irisierendes Braun.

Dieser zu den Neuweltgeiern zählende Vogel ist in Amerika vielerorts anzutreffen. Sein Verbreitungsgebiet, in dem er sehr unterschiedliche Lebensräume besiedelt hat, reicht vom südlichen Kanada über die Vereinigten Staaten, Mexiko, Mittelamerika und einen Großteil Südamerikas bis nach Feuerland an der Südspitze des Doppelkontinents. Die meisten der in Nordamerika brütenden Geier fliegen im Herbst in Winterquartiere in den wärmeren Gegenden Amerikas. Sie ernähren sich hauptsächlich von Aas, das sie nicht nur mit ihren recht scharfen Augen, sondern mehr noch mit ihrem hochentwickelten Geruchssinn orten. Gelegentlich erbeuten sie auch neugeborene Frischlinge oder soeben geschlüpfte Jungvögel.

Am liebsten sitzen die Truthahngeier auf den Ästen abgestorbener Bäume an Hängen, auf denen sie am frühen Morgen mit gespreizten Flügeln sich von der Sonne wärmen lassen und auf Aufwinde warten, die sie in die Höhe tragen und ihnen stundenlang einen mühelosen Segelflug ermöglichen.

Der Truthahngeier ist so benannt, weil sein Kopf dem eines ausgewachsenen Puters ähnelt.

Truthahngeier machen das Aas, von dem sie sich ernähren, während des Fluges mittels ihrer Augen und ihres Geruchssinns aus. Diese Geier gehören zu den wenigen Vogelarten mit einem hochentwickelten Geruchssinn.

RABENGEIER

Der Rabengeier *(Coragyps atratus)* klaftert mit 1,5 Meter etwas weniger als der Truthahngeier. Die Grundfarbe seines Gefieders ist Schwarz, nur auf der Unterseite der Flügel weist er helle Flecken auf. Schwarz ist auch der kahle Kopf mit den für die Neuweltgeier typischen Hautlappen. Die Augen sind braun, die Beine dunkelgrau. Im Flug ist der Rabengeier an seinen weiß gesprenkelten Flügelunterseiten und an dem eckigen Schwanz zu erkennen.

Heimisch ist der Rabengeier in Südamerika (mit Ausnahme der Südspitze), in Mittelamerika und in den südlichen Vereinigten Staaten. In Nordamerika schiebt sich sein Verbreitungsgebiet allmählich weiter nach Norden vor, und gleichzeitig wachsen die Rabengeierpopulationen merklich an. Rabengeier schließen sich zu großen Schwärmen zusammen, die manchmal Tausende von Vögeln zählen. Sie sind recht standorttreu und fressen neben Aas auch Abfälle aller Art. In ihrer Ernährung sind sie von allen Geiern am wenigsten wählerisch.

Dem Rabengeier, einem Altweltgeier, fehlen die für die Neuweltgeier typischen Hautlappen am Kopf. Dafür haben sie die für Altweltgeier kennzeichnenden durchgehenden Nasenöffnungen.

Rabengeier baumen zur nächtlichen Rast auf. Sie tun dies, wenn sich der Boden soweit abgekühlt hat, daß keine Aufwinde mehr entstehen.

Das Gefieder des Rabengeiers ist dunkelbraun bis schwarz und nicht so schillernd wie das des Truthahngeiers.

KALIFORNISCHER KONDOR

Der Kalifornische Kondor *(Gymnogyps californianus)* ist ein Überbleibsel vergangener Jahrmillionen. Heute gibt es keine freilebenden Kalifornischen Kondore mehr. Die wenigen überlebenden Vögel wurden vor einiger Zeit eingefangen, um sie in Gefangenschaft weiterzuzüchten. Das Zuchtprogramm war erfolgreich: Zur Zeit der Niederschrift dieses Buches warten acht Jungvögel darauf, wieder in die Freiheit ihres angestammten Lebensraumes entlassen zu werden.

Der Kalifornische Kondor ist der größte nordamerikanische Vogel. Er mißt von der Schnabel- bis zur Schwanzspitze bis zu 1,4 Meter, klaftert rund 2,8 Meter und wiegt 11 bis 24 Kilogramm. Beim Flug erreicht er Geschwindigkeiten bis zu 65 Stundenkilometer.

Wie bei allen Geiern sehen Männchen und Weibchen gleich aus. Das Gefieder ist schwarz, aber auf der Unterseite der Flügel weiß gebändert. Der federlose Kopf ist orangefarben, und unten am Hals findet sich ein purpurroter Hautlappen. Der Schnabel ist weiß, die Augen sind rot und die Füße pinkfarben.

Freilebende Kalifornische Kondore gibt es heute nicht mehr. Vor einigen Jahren hat man die überlebenden Vertreter dieser Vogelart eingefangen um ihren Fortbestand wenigstens in Gefangenschaft zu gewährleisten. Der Erfolg dieser Maßnahme war so groß, daß demnächst acht junge Kondore wieder freigelassen werden sollen.

Der Ohrengeier, auch Nubischer Geier genannt, ist einer der größten afrikanischen Geier. Wie alle Geier wartet er mit abgespreizten Flügeln in der Morgensonne auf die Aufwinde, die ihm ein müheloses Schweben in der Luft ermöglichen.

Früher gab es in den Rocky Mountains Tausende von Kalifornischen Kondoren. Die acht Jungvögel werden im selben Teil Südkaliforniens ausgesetzt werden, in dem man die überlebenden Kondore eingefangen hat. Sie werden mit aller erdenklichen Sorgfalt geschützt werden.

Die Kalifornischen Kondore ernähren sich ausschließlich von Aas. Noch nie wurde beobachtet, daß sie lebende Beute gejagt haben.

OHRENGEIER

Der Ohrengeier *(Torgos tracheliotus)* ist nach der kragenartigen Kopfseitenfalte (»Ohr«) benannt, die freilich nur bei südafrikanischen Vertretern dieser Altweltgeiergattung ausgebildet ist. Das Gefieder ist dunkelbraun, doch viele Federn sind hellbraun gesäumt. Der schwarze Schwanz ist keilförmig. Der Schnabel ist schwarz, die Hautwülste an Kopf und Nacken sind gelborange und die Augen dunkel. Die Unterseite der Flügel ist weiß gebändert. Die Beine sind blaugrau.

Der Ohrengeier hat eine Flügelspannweite von etwa 2,7 Meter, eine Gesamtlänge um 100 Zentimeter und wiegt durchschnittlich acht bis höchstens rund zwölf Kilogramm. Er bewohnt große Teile Nordafrikas vom Atlantik bis zum Roten Meer, Südafrika zwischen den Flußläufen von Sambesi und Oranje und die afrikanischen Küstengebiete des Indischen Ozeans.

Während die Neuweltgeier völlig kahle Köpfe haben, zieren kurze Federn die Köpfe und Hälse der Altweltgeier.

Trotz ihrer Größe reißen die Ohrengeier Aas nicht als erste an, sondern warten, bis ihnen die Vertreter anderer Geierarten diese Arbeit abgenommen haben. Erst nach etwa zwanzig Minuten kommen sie in kleinen Trupps von zwei bis fünf Vögeln herbei und vertreiben die anderen Geier.

ZWERGGÄNSEGEIER

Der Zwerggänsegeier *(Pseudogyps africanus)* hat eine Flügelspannweite bis zu 215 Zentimeter, eine Gesamtlänge von rund 95 Zentimeter und ein Gewicht von 4,7 bis 6,75 Kilogramm. Das dunkle Gefieder ist auf der Flügelunterseite weiß gebändert, so daß der Vogel im Flug leicht zu erkennen ist. Schnabel und Augen des Geiers sind dunkel, Kopf und Hals sind weiß befiedert, um den Hals bilden weiße Federn eine Art von Kragen. Das mittel- bis dunkelbraune Gefieder trägt fahle Abzeichen. Verbreitet sind die Zwerggänsegeier in ganz Afrika südlich der Sahara mit Ausnahme des Kongobeckens und der Südspitze Südafrikas. Ihr bevorzugter Lebensraum sind die wildreichen Steppen.

Trotz ihrer großen Schnäbel können Zwerggänsegeier die dicken Häute von Elefanten und Nashörnern nicht durchtrennen. Aas ist ihre ausschließliche Nahrung. Sie überfliegen ihr Nahrungsrevier in Höhen von rund 600 Meter und warten darauf, daß andere Geier oder vierbeinige Aasfresser sie zu einer Nahrungsquelle führen. Dort versammeln sie sich dann in kürzester Zeit in großen Scharen und fechten notfalls mit ihren Konkurrenten, den Hyänen und Schakalen, erbitterte Kämpfe aus.

Zwerggänsegeier nehmen oft mit abgespreizten Flügeln auf dem Boden oder auf einem Ast ein »Sonnenbad«. Gewöhnlich warten sie in dieser Haltung, bis die durch die Erwärmung der Erde entstehenden Aufwinde ihnen einen mühelosen Segelflug ermöglichen.

Der Zwerggänsegeier, auch Afrika-Gänsegeier genannt, ist der weitestverbreitete Geier in Afrika. Oft sammeln sich bei einem großen Tierkadaver Hunderte dieser Aasfresser.

ROTSCHWANZBUSSARD

Der Rotschwanzbussard *(Buteo jamaicensis)* hat drei Farbphasen. In der Osthälfte der Vereinigten Staaten ist die Brust weiß und dunkel gebändert. Weiter westlich ist die Brust rötlich, und bei der westlichen Farbphase sind Brust und Leib dunkelbraun. Bei allen drei Phasen sind die Schwanzfedern oben rostrot und unten hellbraun. Nacken und Rücken sind bei der östlichen Variante hell-bis dunkelbraun und bei den westlichen Varianten rot oder braun. Die Augen sind braun, die Beine und der Schnabelgrund gelb.

Das Weibchen ist wie bei allen Bussard- und Habichtartigen größer als das Männchen; nur bei den Geiern sind beide Geschlechter gleich groß. Ein ausgewachsener Rotschwanzbussard klaftert zwischen 110 und 145 Zentimeter, die Gesamtlänge beträgt 43 bis 64 Zentimeter. Männchen wiegen 880 bis 1000, Weibchen 1250 bis 1500 Gramm.

Der Rotschwanzbussard ist in Nord- und Mittelamerika weit verbreitet und bewohnt sehr unterschiedliche Lebensräume. Aus nördlichen Regionen ziehen die Bussarde im Winter nach Süden, aber in den Vereinigten Staaten sind sie größtenteils Standvögel. Dort sind sie die am häufigsten zu sehenden Greifvögel. Auffällig ist ihr schneller und gewandter Flug, doch oft sieht man sie auch auf Bäumen, wo sie auf Beute warten, die entsprechend den verschiedenen Lebensräumen sehr vielfältig ist: Schlangen, Kleinsäuger, Eidechsen, Frösche, Fische und Insekten, aber auch Kaninchen und Vögel bis Präriehuhngröße. Der Rotschwanzbussard horstet auf Bäumen und in Büschen, auf Felsen und in Mittelamerika gelegentlich auch auf hoher alten Kakteenstämmen.

Eine Rotschwanzbussard-Familie. Das Weibchen ist weit größer als das Männchen. Die Nestlinge sind etwas mehr als eine Woche alt. Der große Horst liegt etwa zwölf Meter über dem Boden.

Der in verschiedenen Farbphasen vorkommende Rotschwanzbussard ist in Nordamerika der am häufigsten zu sehende große Bussard. Von hoher Warte aus überwacht er sein Nahrungsrevier auf Beute.

In den Vereinigten Staaten sieht man häufig Rotschwanzbussarde am Himmel ihre Kreise ziehen. Seit Bussarde, Adler und Eulen zu den geschützten Vögeln zählen, hat sich erfreulicherweise vielerorts ihre Zahl wieder erhöht.

Rotschwanzbussarde tragen die von ihnen erlegte Beute nicht weg, sondern verzehren sie an Ort und Stelle. Dieser Bussard frißt seit sechs Tagen an der von ihm geschlagenen Ente.

Dieser Rotschulterbussard attackiert eine gelbe Rattenschlange. Sie ist zwar ungiftig, aber Bussarde töten auch viele Giftschlangen.

Rotschulterbussarde haben oft ein rötliches Bauchgefieder. Das Rot ihrer Federn kann sehr hell, aber auch sehr dunkel sein.

ROTSCHULTERBUSSARD

Der Rotschulterbussard *(Buteo lineatus)* klaftert 88 bis 125 Zentimeter und hat eine Gesamtlänge von 47 bis 51 Zentimeter. Das Weibchen ist größer als das Männchen.

Der Schnabelgrund des Bussards ist braun, Brust und Bauch sind hell und kräftig in Rot und Braun gebändert. Benannt ist er nach den roten Schulterfedern, die manchmal nur schwer zu sehen sind. Der dunkelbraune Schwanz trägt sechs bis sieben schmale weiße Bänder.

Sein Verbreitungsgebiet reicht in Nordamerika von Manitoba bis nach Maine im Osten und bis nach Texas und Florida im Süden; eine Unterart ist an der Pazifikküste von Kalifornien bis zum Staat Washington anzutreffen. Der Rotschulterbussard bevorzugt feuchte und sumpfige Gebiete. Im Winter zieht er in südlichere Gefilde.

Der Bussard frißt Schlangen, Frösche, Eidechsen und Salamander, aber auch Mäuse, Ratten und andere kleine Nagetiere sowie bestimmte Insekten und angeschossene Vögel.

BREITSCHWINGENBUSSARD

Der Breitschwingenbussard *(Buteo platypterus)* ist der kleinste der nordamerikanischen Bussarde. Er sowie der Rotschwanz- und der Rotschulterbussard sind die in den Vereinigten Staaten am häufigsten zu sehenden Greifvögel.

Ausgewachsene Breitschwingenbussarde klaftern 80 bis 100 Zentimeter, sind 35 bis 46 Zentimeter lang und wiegen etwa 450 Gramm. Der Rücken ist dunkelbraun, die weiße Unterseite ist rostrot gebändert. Die Unterseite der Flügel ist weiß, der auffällige Schwanz trägt drei weiße und drei schwarze Bänder.

Das Verbreitungsgebiet reicht von Minnesota bis nach Maine im Osten und nach Texas und Florida im Süden. Die in den nördlichen Bundesstaaten der USA nistenden Breitschwingenbussarde haben ihr Winterquartier meist am unteren Amazonas, wohin sie als Massenzieher in Scharen zu Hunderten oder Tausenden wandern. Hauptnahrung sind Frösche, Kröten, Schlangen, kleine Erdhörnchen, junge Kaninchen, Mäuse und Insekten.

Der Breitfschwingenbussard (unser Bild zeigt einen Jungvogel) ist in Nordamerika recht weit verbreitet. Als einer der ersten Zugvögel bricht er im September zu den in südlicheren Gefilden liegenden Winterquartieren auf.

SCHAKALBUSSARD

Der Schakalbussard *(Buteo rufofuscus)* ist der häufigste Bussard Ost- und Südafrikas. In Ostafrika ist er oben braun und unten weiß, in Südafrika jedoch schwarz mit hellen Primär- und Sekundärfedern unten. Er klaftert 110 bis 130 Zentimeter und ist 46 bis 54 Zentimeter lang. In seinem afrikanischen Lebensraum ist er Standvogel. Seinen Namen verdankt der Schakalbussard seinem schakalähnlichen Ruf.

Zu finden ist er in Vorbergen und Steppen, gewöhnlich in der Nähe von Wasserläufen. Er jagt von hoher Warte aus und nur selten im Flug. Seine Nahrung besteht aus Schlangen, kleinen Vögeln, Nagetieren und Insekten, doch geht er auch an die Kadaver von im Straßenverkehr getöteten Tieren und wird deshalb nicht selten seinerseits von schnell fahrenden Fahrzeugen auf der Straße überfahren, während er sich am Aas gütlich tut.

Das Gefieder des Schakalbussards kann sehr unterschiedlich gefärbt sein. In Ostafrika sieht man am häufigsten Schakalbussarde mit weißen Bauchfedern.

Der Schakalbussard ist in Afrika wahrscheinlich ebenso verbreitet wie der Rotschwanzbussard in Nordamerika.

Ein Wanderfalk über dem von ihm geschlagenen Vogel, dem er bereits den Kopf abgerissen hat. Bevor der Falk seine Beute verschlingt, wird sie von ihm gerupft.

Der Singhabicht ist im ostafrikanischen Busch zu finden, wo er sich von kleinen Nagetieren, kleinen Vögeln und Schlangen ernährt.

HABICHT

Der Habicht *(Accipiter gentilis)* besiedelt den gesamten Waldgürtel der nördlichen Erdhalbkugel. Es gibt mehrere Unterarten, den Europäischen, den Skandinavisch-baltischen, den Sibirischen und den Amerikanischen Habicht. Die Flügelspannweite beträgt bei den Männchen 93 bis 101 und bei den größeren Weibchen 110 bis 118 Zentimeter. Der männliche Habicht (»Terzel«) wiegt 550 bis 750 Gramm, das Weibchen 1100 bis 1250 Gramm. Die Beute reicht von der Maus bis zum Hasen, vom Mauswiesel bis zur Hauskatze, vom Baumläufer bis zum Fasan. Als leistungsfähigster Jäger seiner Familie ist der Habicht seit alters bei den Falknern sehr beliebt.

Seine kurzen Flügel und der lange Stoß machen ihn zu einem ungemein wendigen Flieger, der auf kurzen Strecken Geschwindigkeiten bis zu knapp 60 Stundenkilometer erreicht. Auch heute noch wird der Habicht in Europa, Asien und Amerika viel als Beizvogel eingesetzt.

Der Weihnachtsinsel-Habicht ist in Australien und auf den Inseln des westlichen Pazifiks verbreitet. Er frißt vor allem kleine bis mittelgroße Vögel, kleine Säugetiere und gelegentlich auch Schlangen.

Beim Habicht (Hühnerhabicht) fallen die kurzen Flügel und der lange Schwanz auf, die es ihm ermöglichen, auch in dichten Wäldern ebenso schnell wie wendig zu sein und Beutevögel in raschem Flug zu schlagen.

Dieser Rundschwanzsperber hat seinen Jungen Atzung gebracht. Die Nestlinge sind schon alt genug, um die Beute selbst in Stücke zu reißen.

RUNDSCHWANZSPERBER

Der Rundschwanzsperber *(Accipiter cooperi)* ist in ganz Nordamerika von der kanadischen Tundra im Norden bis nach Mexiko im Süden verbreitet. Er ist mit einer Flügelspannweite von 69 bis 91 Zentimeter und einem langen runden Schwanz ein ungemein behender Flieger, der Geschwindigkeiten bis zu 90 Stundenkilometer erreicht. Die im nördlichen Drittel der Vereinigten Staaten und in Kanada brütenden Rundschwanzsperber überwintern zumeist in den südlichen Bundesstaaten der USA von Kalifornien im Westen bis New Mexico und Texas. Die Oberseite des Vogels ist schiefergrau, die Unterseite hell und stark rostrot gebändert. Der weiße Schwanz trägt vier schmale dunkle Binden und ein breites schwarzes Band.

Der Rundschwanzsperber erbeutet hauptsächlich Kleinvögel, aber auch Mäuse und Rothörnchen. Sein Horst ist von einem beuteneutralen »Horstfeld« umgeben, in dem sich vielerlei Kleinvögel ansiedeln, weil sie hier ungestört brüten können. Der männliche Sperber (»Sprinz«) wiegt nur 110 bis 130 Gramm, das größere Weibchen 220 bis 300 Gramm.

Der Rundschwanzsperber lebt in Wäldern, in denen er kleine Vögel und Nagetiere bis zu Eichhörnchengröße schlägt. Mit seinen kurzen Flügeln ist er auch in dichtem Unterholz sehr wendig.

ECKSCHWANZSPERBER

Der Eckschwanzsperber *(Accipiter striatus)* sieht dem Rundschwanzsperber zum Verwechseln ähnlich, ist aber mit einer Flügelspannweite von 50 bis 69 Zentimeter deutlich kleiner. Sein amerikanisches Verbreitungsgebiet reicht von der kanadischen Tundra über die gesamten Vereinigten Staaten und Mexiko bis nach Südamerika (mit Ausnahme des Amazonasbeckens und des südlichen Drittels des Halbkontinents).

Die in den nördlichen Regionen nistenden Eckschwanzsperber überwintern meist im Süden der USA oder in Mittelamerika. Die Hauptnahrung dieses Sperbers sind kleine Singvögel, die vorwiegend im Flug erbeutet werden, ist er doch ein ausgesprochener »Pirschgreifer«.

SCHWALBENWEIH

Der Schwalbenweih *(Elanoides forficatus)* ist vornehmlich in der östlichen Hälfte Südamerikas, an der Atlantikküste Mittelamerikas und im äußersten Süden der Vereinigten Staaten bis hinauf nach Südkarolina anzutreffen. Er hat eine Gesamtlänge von 48 bis 63 Zentimeter und eine Spannweite bis zu 130 Zentimeter. Kopf, Hals, Brust, Bauch und Schultern sind weiß, alles andere einschließlich des gegabelten Schwanzes ist tiefschwarz, was ein unverwechselbares Flugbild ergibt. Hauptbeute sind Insekten, kleine Schlangen, Eidechsen und Frösche. Durch Eiersammler, bei denen die Gelege dieses Vogels sehr beliebt sind, ist heute der Schwalbenweih von Ausrottung bedroht.

Es ist sehr schwierig, ein großes Eckschwanzsperberweibchen von einem kleinen Rundschwanzsperbermännchen zu unterscheiden, da beide fast gleich groß sind. Am runden Schwanz ist jedoch zu erkennen, daß es sich hier um ein Rundschwanzsperbermännchen handelt.

Der Schwalbenweih trägt seinen Namen zu recht, denn nicht nur hat er einen nach Schwalbenart gegabelten Schwanz, sondern er schießt auch bei der Jagd auf Insekten wie eine Schwalbe hin und her.

Der Eckschwanzsperber ist die kleinste der drei Sperberarten, die in den nordamerikanischen Wäldern anzutreffen sind. Seine Hauptbeute sind kleine Vögel, die er zum Teil auch im Bereich menschlicher Siedlungen schlägt.

Eine Kornweihe bei der Gefiederpflege, für die ein gesunder Vogel täglich mehrere Stunden aufwendet. Das Gefieder wird nicht nur gereinigt, sondern auch eingefettet.

Die Kornweihe gehört zu den wenigen Bodenbrütern unter den Habichtartigen. Gewöhnlich baut sie das Nest leicht erhöht in sumpfigem Gelände, wo es im hohen Gras kaum auszumachen ist.

KORNWEIHE

Bei der Kornweihe *(Circus cyaneus)* sind die beiden Geschlechter dimorphisch: Die Gefiedergrundfarbe des Männchens ist grau, die des größeren Weibchens braun. Im Flugbild auffällig sind der weiße Hinterleib und die schwarzen Binden auf dem Schwanz. Bei einer Gesamtlänge von 45 bis 55 Zentimeter beträgt die Flügelspannweite bis zu einem Meter.

Die Kornweihe ist in den Nordhälften der Alten und der Neuen Welt überall dort verbreitet, wo ausreichend Moore, Wiesen und ausgedehnte Felder zur Verfügung stehen. Kurz vor oder nach dem ersten Schneefall ziehen die Kornweihen in schneefreie Winterquartiere in südlicheren Breiten. Der Horst befindet sich auf dem Erdboden im niedrigen Pflanzenwuchs. Das Weibchen übernimmt die Hauptrolle im Brutgeschäft, das bis zu dreißig Tagen dauert, während das Männchen es in dieser Zeit mit Beute versorgt. Die Kornweihen sind ausgesprochene Kleintiergreifer, die im Gleitstoß Insekten, Kriechtiere, bodenbrütende Kleinvögel und deren Eier sowie kleine Schlangen erbeuten.

Lange Beine und auffällige abstehende Federn am Kopf kennzeichnen die Weihen, deren bekannteste in Mitteleuropa die Kornweihe und die Wiesenweihe sind.

Der Wanderfalk nistet Jahr für Jahr an der gleichen Stelle in felsigem Gelände. Um dem bedrohlichen Schwund dieser Vogelart Einhalt zu gebieten, werden Wanderfalken in Gefangenschaft vermehrt und dann wieder freigelassen.

Der Wanderfalk ist wahrscheinlich der schnellste Vogel der Welt. Er stürzt sich mit Geschwindigkeiten bis zu 320 Stundenkilometer auf seine Beute.

Kennzeichnend für den Wanderfalk sind der gezahnte Schnabel, die schwarze Gesichtszeichnung, die langen Flügel und der lange und spitze Schwanz.

WANDERFALK

Der Wanderfalk *(Falco peregrinus)* ist unter allen Greifvögeln am besten der Langstreckenflugjagd angepaßt. Im Flach- und Steilstoß erreicht er Geschwindigkeiten bis zu 320 Stundenkilometer. Bei einer Gesamtlänge von 40 bis 48 Zentimeter und einer Spannweite von 100 bis 140 Zentimeter ist das Männchen durchschnittlich etwa 600 Gramm, das größere Weibchen um 900 Gramm schwer.

Es gibt mehrere unterschiedlich große und verschieden gefärbte Unterarten, so den Mitteleuropäischen, den Nordischen, den Südeuropäischen Wanderfalk und den Weißwangen-Wanderfalk. Mit der Ausnahme Südamerikas sind die Wanderfalken weltweit verbreitet, doch trifft der Name nur auf die nördlichen Unterarten zu, die alljährlich aus ihren Brutgebieten über den gemäßigten Gürtel der Alten und der Neuen Welt hinweg in tropische Winterquartiere ziehen, während die in den gemäßigten und subtropischen Breiten beheimateten Unterarten dort weitgehend Standvögel sind. Fast überall horsten die Wanderfalken an Felswänden, Steilufern oder in der Tundra auf dem Erdboden. Nur in ausgedehnten Waldgebieten brüten sie auf Bäumen und in menschlichen Siedlungen auch an hohen Gebäuden (Türmen, Hochhäusern).

Die Bestände des Mitteleuropäischen Wanderfalks sind – vermutlich wegen des massenhaften Einsatzes von giftigen Pestiziden – in raschem Schwinden begriffen, so daß dieser Vogel heute zu den vom Aussterben bedrohten Tierarten zählt.

GERFALK

Der Gerfalk *(Falco rusticolus)* ist der größte und stärkste der Eigentlichen Falken, der schon seit alters als edelster und wertvollster Beizvogel gilt. Bei einer Durchschnittslänge von 52 bis 63 Zentimeter klaftert er 120 bis 130 Zentimeter; das Männchen ist 900 bis 1500, das größere Weibchen 1400 bis 2100 Gramm schwer. Verbreitet ist er in der gesamten nördlichen Hemisphäre, auch in unwirtlichen Gegenden, in denen ihm die Vielseitigkeit von Jagdweise und Ernährung das Überleben sichert. Die Paare bleiben vermutlich lebenslang zusammen und sind sehr standorttreu. Nur in sehr strengen Wintern wandern sie südwärts.

Der Buntfalk ist in ganz Nordamerika weit verbreitet. Seit er neben seinen Baumhöhlen auch aufgestellte Nistkästen annimmt, hat sich die Zahl der Buntfalken beträchtlich vermehrt.

Hauptbeute der Gerfalken sind Schneehühner, Lemminge, gelegentlich auch Schneehasen und in den Küstengebieten Strand- und Seevögel. Erbeutet werden diese Tiere in schnellem Flug dicht über dem Erdboden oder Wasser. An Meeresküsten oder in Flußtälern horsten die Gerfalken stets an Felsen, in Waldgebieten auch auf Bäumen, wobei häufig alte Nester anderer Vögel benutzt werden. Die Bestände sind nirgendwo sehr groß.

BUNTFALK

Der Buntfalk *(Falco sparverius)* ist mit einer Gesamtlänge von 20 bis 28 Zentimeter, einer Spannweite von 50 bis 60 Zentimeter und einem Gewicht von 100 bis 200 Gramm der kleinste der Echten Falken. Verbreitet ist er in etwa zwanzig Unterarten in ganz Nord- und Südamerika von Alaska und Neufundland bis nach Feuerland, während er in Europa nur vereinzelt anzutreffen ist und in Asien und Australien gänzlich fehlt. Da er sich vorwiegend von Heuschrecken ernährt, wird er auch »Heuschreckenfalk« genannt. Männchen und Weibchen sind nicht nur verschieden groß, sondern auch unterschiedlich gefärbt. Beim Weibchen sind Rücken, Schwanz und Flügel rostrot, beim Männchen schiefergrau. Obendrein fehlt dem Männchen die schwarze Binde auf dem Schwanzgefieder.

Im Norden seines Verbreitungsgebiets ist der Buntfalk ein Zugvogel, der vorwiegend im Süden der Vereinigten Staaten überwintert. Er jagt oft von erhöhter Warte aus, lauert auf Telegrafenmasten und Stromleitungen auf seine fast ausschließlich aus Insekten bestehende Beute.

Dieser Buntfalk frißt eine Maus, aber seine übliche Nahrung sind Insekten wie Grillen und Heuschrecken.

An ihren blauen Flügeln erkennt man diese Buntfalken als Männchen; Weibchen haben rostrote Flügel.

Das typische Bild eines Weißkopf-Seeadlers. Der scharfe Hakenschnabel vermag Beutetiere zu zerreißen. Die Nestlinge werden mit zerkleinerten Fischen gefüttert, bis sie groß genug sind, um ihre Nahrung selbst zu zerreißen.

WEIẞKOPF-SEEADLER

Der Weißkopf-Seeadler *(Haliaeetus leucocephalus)* ist der Wappenvogel der Vereinigten Staaten. Er hat eine Gesamtlänge von 77 bis 109 Zentimeter, eine Spannweite von 180 bis 230 (Männchen) bzw. 225 bis 255 (Weibchen) Zentimeter und wiegt 3 bis 4,6 (Männchen) bzw. 4,3 bis 6,7 (Weibchen) Kilogramm. Das Weibchen ist also deutlich größer und schwerer als das Männchen. Das Gefieder des ausgewachsenen Vogels ist dunkelbraun, Kopf, Hals und Schwanzfedern sind weiß. Der Schnabel und die bis zu einem Drittel der Länge befiederten Läufe sind gelb.

Der Weißkopf-Seeadler ist in ganz Nordamerika verbreitet, doch haben die Bestände als Folge zunehmender Vergiftung durch chemische Pestizide bedenklich abgenommen; erst seit dem Verbot von DDT beginnen sie, sich wieder langsam zu erholen. Noch heute steht er auf der Liste bedrohter Tierarten. Manche der in Florida erbrüteten Vögel verbringen den folgenden Sommer im südlichen Kanada, während ein Teil der im Norden nistenden Vögel Winterquartiere im Süden der USA aufsucht.

Der Seeadler versteht es geschickt, fliegende Vögel und Fische zu schlagen, doch nimmt er an den Lachslaichplätzen auch tote Fische an. Außerdem ist er ein Beuteschmarotzer, der Truthahngeier zum Hervorwürgen verschlungener Fleischbrocken zwingt und sie sogar tötet, wenn sie damit zögern.

Der durchdringende Ruf des Adlers ist meilenweit zu hören. Durch solche Lautäußerungen hält ein Adlerpaar Kontakt miteinander.

Der Horst des Weißkopf-Seeadlers wird Jahr für Jahr benutzt und dabei ständig vergrößert. Um die Aufzucht der Nestlinge (unser Bild) kümmern sich beide Eltern.

Vor der Landung bremst der Weißkopf-Seeadler mit Flügeln, Schwanz und ausgestreckten Beinen den Flug ab.

Weißkopf-Seeadler sammeln sich im Winter in Gebieten mit eisfreien Gewässern oder an den Laichplätzen der Lachse.

Der Steppenadler, der auch Raubadler genannt wird, zeigt in seinen fast über die ganze Erde verstreuten Lebensräumen eine unterschiedliche Gefiederfärbung.

In den ostafrikanischen Hochebenen herrschen Akazienbäume vor. Von hoher Warte aus überwachen die Steppenadler ihr Nahrungsrevier. Auch ihre Horste bauen sie hoch im Geäst.

STEINADLER

Der Steinadler *(Aquila chrysaetos)* gehört zu den eindrucksvollsten und prächtigsten Greifvögeln der Nördlichen Hemisphäre. Als Sinnbild der Wehrhaftigkeit und des Adels ist er der Wappenvogel schlechthin (Deutschland, Österreich, Polen usw.). Die Grundfarbe des Gefieders ist dunkelbraun, doch weist es bei den nördlichen Unterarten mehr rostbraune Töne auf, weshalb man bei ihnen vom »Goldadlertyp« spricht, während die südlichen Unterarten mit grau- bis rostgelblichen Nackenfedern den eigentlichen »Steinadlertyp« verkörpern. Steinadler klaftern 195 bis 230 Zentimeter; die Männchen wiegen 3 bis 4,5, die größeren Weibchen 4 bis 6 Kilogramm. Kennzeichnend sind die befiederten Läufe und die starken Krallen. Steinadlerpaare halten lebenslang zusammen und sind sehr ortstreu. Sie horsten vorwiegend an Felswänden, aber im Gebirge und in der Taiga auch auf Bäumen. Jedes Adlerpaar hat mehrere Horste, die abwechselnd benutzt werden. Hauptbeute sind Murmeltiere, Rauhfußhühner, Schneehasen, aber auch Marder, Füchse und Rehkitze. Ausgewachsene Rehe und Gemsen werden nur im Winter erbeutet; gelegentlich wird auch Aas gefressen. In Europa und Nordamerika ist der Steinadler fast ausgerottet; in Deutschland horsten heute nur noch vereinzelte Paare.

Die meisten Steinadlerhorste werden auf den Vorsprüngen steiler Felswände gebaut. Nur gelegentlich dienen auch hohe Bäume, meist Nadelbäume, als Nistplatz. Dieser Nestling ist etwa drei Wochen alt.

Die Adler haben eine knöcherne Brauenkante, die ihre Augen vor der Sonne schützt.

Der Steinadler rastet gern auf abgestorbenen Ästen, von denen aus er sein Nahrungsrevier überschauen kann.

Der in der Alten und Neuen Welt verbreitete Steinadler liebt offenes Gelände. Häufig jagt er oberhalb der Baumgrenze, wo er sich hoch aufragende Felsen als Ausguck wählt.

Die Nackenfedern des Steinadlers sind goldbraun, weshalb er auch als Goldadler bezeichnet wird.

Um Beute auszumachen, schwebt der Steinadler hoch in der Luft, oder er macht von einer erhöhten Warte aus Jagd. Er ist sehr aggressiv und greift oft Tiere an, die schwerer sind als er selbst.

Mit seinem roten Gesicht wirkt der Gaukler sehr attraktiv. Er schlägt nicht nur Nagetiere, Vögel und andere lebende Beute, sondern ernährt sich auch weitgehend von Aas.

GAUKLER

Der Gaukler *(Terathopius ecaudatus)* ist ein Schlangenadler, der seinen Namen seinem an Zirkusküste erinnernden Balzgebaren verdankt. Sein dunkles, auf der Oberseite der Flügel gebändertes und auf der Unterseite weiß geflecktes Gefieder kontrastiert mit dem Schnabel und den Läufen, die leuchtend rot sind. Im Flug ist er an seiner extrem kurzen Schwanzbefiederung kenntlich. Der 1,7 Meter klafternde Vogel ist in ganz Afrika südlich der Sahara mit Ausnahme des Kongobeckens verbreitet. Sein Lebensgebiet ist das offene Land, vorwiegend die Steppe mit breitkronigen Bäumen, auf denen er aus Knüppeln und Zweigen seinen Horst errichtet. Hauptbeute des Gauklers sind Schlangen, Eidechsen und andere Kriechtiere, aber auch Mäuse, Ratten, Säugetiere bis zu kleinen Antilopen, Vogeleier, Heuschrecken und Aas verschmäht der Vogel nicht. Nicht selten greift er Raubadler und Geier an, um sie zum Auswürgen ihres Kropfinhaltes oder zur Herausgabe ihrer Beute zu zwingen.

KAMPFADLER

Der Kampfadler *(Polomaetus bellicosus)* ist mit einer Gesamtlänge bis zu einem Meter und einer Spannweite bis zu 2,4 Meter der größte und stärkste Adler Afrikas. Er ist ein sehr schöner Vogel: Kopf, Brust, Rücken, Schwanzoberseite und Flügel sind dunkelbraun, Unterbauch, Läufe und Schwanzunterseite weiß mit dunklen Flecken.

Zu finden ist er in der Südhälfte Afrikas in Baumsteppengebieten. Er horstet auf flachkronigen Bäumen in hohen Astgabeln. Zu seinen Beutetieren gehören Warane, Klippschliefer, Paviane, Schakale, Ducker und

Der größte afrikanische Adler, der Kampfadler, ist ebenso stark wie aggressiv; er zögert nicht, antilopengroße Tiere anzufallen.

Unter den in der Landwirtschaft eingesetzten hochgiftigen Pestiziden haben vielerorts die Fischadler stark gelitten. Naturschützer haben Maßnahmen ergriffen, um die Bestände zu erhalten und nach Möglichkeit wieder zu vermehren.

junge Impalas, doch in der Nähe menschlicher Siedlungen erbeutet er auch Hausziegenlämmer und Hühner. Meist fliegt er bei seinen Beuteflügen in großer Höhe, wobei er gelegentlich rüttelt.

FISCHADLER

Der Fischadler *(Pandion haliaetus)* ist mit sechs Unterarten fast über die ganze Erde verbreitet. Er wird bis 1,7 Kilogramm schwer und hat eine Spannweite bis 180 Zentimeter. Scheitel, Brust, Bauch und Läufe sind weiß, die Unterseiten von Flügeln und Schwanz weiß mit schwarzen Binden, die Flügeloberseiten dun-

Dieser Fischadler hat einen großen Fisch erbeutet. Manchmal ertrinken die Adler, wenn sie einen zu großen Fisch erwischt haben und nicht mehr die Krallen aus der Beute lösen können.

Fischadler bei der Paarung. Das Männchen ist erheblich kleiner als das Weibchen.

Dieser Fischadler hat Wasserpflanzen zur Auspolsterung des Horsts herbeigeschafft. Die Auspolsterung erfolgt unmittelbar vor der Ablage des ersten Eies.

kel. Er ernährt sich ausschließlich von Fischen und ist deshalb stets in der Nähe von Gewässern zu finden. Sein Körperbau ist vollkommen seiner Fangtechnik angepaßt. Mit sehr langen, stark gebogenen Krallen, der stachligen Unterseite der Zehen und der nach hinten drehbaren Außenzehe ist er vorzüglich für das Stoßtauchen auf Fische ausgestattet. Er streicht in Höhen bis zu fünfzig Meter über der Wasseroberfläche, rüttelt nach dem Entdecken von Beute kurz und stürzt dann mit angewinkelten Flügeln und ausgestreckten Fängen in die Tiefe, um unter Wasser den Fisch zu greifen. Mit Hilfe des Schwanzes als »Steuerruder« taucht er wieder auf und erhebt sich mit seiner Beute, die durchaus auch schwerer sein kann als er, in die Lüfte.

Dieser Fischadlerhorst auf einem abgestorbenen Baum an einem See im kanadischen Felsengebirge wird Jahr für Jahr benutzt und ständig vergrößert.

Dieser Bartkauz hat einen erbeuteten Vogel zur Atzung seiner Jungen mitgebracht. Der Horst steht auf einem abgestorbenen Baumstamm. Die Nestlinge sind etwa einen Monat alt.

Diese jungen Uhus sind schon fast alt genug, um das Nest zu verlassen. Uhu-Eltern kümmern sich sehr um ihre Jungen und greifen oft Menschen an, die dem Nest zu nahe kommen.

AMERIKANISCHER UHU

Der Amerikanische Uhu *(Bubo virginianus)* ist mit einer Spannweite bis zu 1,5 Meter kleiner als unser Uhu. Er bewohnt in ganz Nord- und Südamerika von der arktischen Baumgrenze bis nach Feuerland sehr unterschiedliche Lebensräume, Wälder, Gebirge, Moore und Steppen, aber auch Parks in Städten. Es gibt zwei Farbausprägungen mit orangefarbener oder weißlicher Grundfarbe der Unterseite und zahlreiche Unterarten. Als Brutplätze dienen ihm häufig große Nester anderer Vögel auf Bäumen, doch nistet er auch in Baumhöhlen, Felsnischen und selbstgescharrten Mulden auf dem Erdboden. Das Gelege besteht in der Regel aus zwei bis drei Eiern, die in Abständen von zwei bis vier Tagen gelegt werden. Bei Nahrungsknappheit überlebt das zuletzt geschlüpfte Junge meist nicht.

Der Amerikanische Uhu ist überwiegend Standvogel; nur aus den nördlichsten und südlichen Brutgebieten zieht er im Winter in gemäßigtere Zonen. Die Beute wird, meist in der Morgen- oder Abenddämmerung, vom Ansitz aus oder im niederen Pirschflug erlegt und an bestimmten Rupfplätzen gerupft. Erbeutet werden besonders Vögel bis zu Bussardgröße, aber auch Mäuse, Ratten, Igel und Säugetiere bis zur Kaninchengröße.

Wie alle Eulen haben auch die Uhus ein weiches Gefieder, das ihnen einen fast lautlosen Flug ermöglicht. Das kommt ihnen bei ihrer nächtlichen Jagd zugute.

Selbst wenn die jungen Uhus das Nest verlassen haben, bleiben sie in der Nähe der Eltern, die noch einige Monate lang für sie sorgen.

Dieser Uhu hat eine Maus erbeutet. Kleine Beutetiere werden von den großen Eulen im ganzen verschlungen; alles Unverdauliche – Haare, Federn, Knochen usw. – wird als Gewölle wieder ausgewürgt.

KREISCHEULE

Die Kreischeule *(Otus asio)* ist der in der Südhälfte Nordamerikas am weitesten verbreitete Eulenvogel. Es gibt zwei Farbvarianten: Im Osten der USA ist das Gefieder grau, braun oder rostrot, westlich der Rocky Mountains ist es erheblich dunkler. Die Flügelspannweite reicht von 45 bis 60 Zentimeter. Eng verwandt sind die Gefleckte Kreischeule Mittelamerikas und die Tropen-Kreischeule des tropischen Südamerikas. Typisch für die Kreischeulen sind ihre Federohren. Ihre Nahrung besteht hauptsächlich aus kleinen Nagetieren bis zur Rattengröße, aber gefressen werden auch größere Insekten und gelegentlich Kleinvögel. Als Brutplätze dienen Höhlen in Bäumen, Sand- und Felswänden und Gemäuern.

Kreischeulen sind Höhlenbrüter. Diese Eule hat ihr Nest in einem von Menschenhand gefertigten Nistkasten gebaut. Da Kreischeulen sehr anpassungsfähig sind, hat sich ihr Bestand gehalten, obwohl es kaum noch Nistmöglichkeiten in hohlen Bäumen gibt.

Bei den Kreischeulen gibt es zwei Farbphasen, eine rote und eine graue. Das Rot kann allerdings sehr unterschiedlich sein und reicht von hellem Rotbraun bis zu dunklem Rostrot.

Folgende Doppelseite:

Diese jungen Schnee-Eulen haben ihr Nest verlassen und verstecken sich zwischen Blüten in der Tundra Alaskas.

Dieses Schnee-Eulenweibchen hat ein dunkel gebändertes weißes Gefieder; bei den Männchen fehlt diese Bänderung. Zum Schutz gegen die arktische Kälte sind auch die Beine befiedert.

SCHNEE-EULE

Die Schnee-Eule *(Nyctea scandiaca)* bewohnt den Norden der Alten und der Neuen Welt. Sie ist bis zu 69 Zentimeter lang und klaftert bis zu 160 Zentimeter. Das Gefieder ist weiß und vor allem bei den Weibchen mehr oder weniger kräftig dunkel gebändert..Die Augen sind gelb, die Beine und Zehen dicht weiß befiedert.

Die Schnee-Eule kommt in offenen Landschaften vor, wo sie in einer selbstgescharrten Mulde auf dem Boden brütet. Weiter nach Süden zieht sie nur in Jahren mit knappem Nahrungsangebot, in der Regel alle vier Jahre, wenn es nur wenige Lemminge gibt, die ihre Hauptnahrung sind. Bei reichlicher Nahrung ist die Zahl der gelegten Eier mit sieben bis neun recht hoch, während in schlechten Jahren vielfach überhaupt nicht gebrütet wird. Die Beute wird von einer erhöhten Warte aus im Pirschflug geschlagen. Neben Lemmingen verzehrt die Schnee-Eule auch andere Säugetiere bis zur Schneehasengröße und Vögel bis zur Hühnergröße.

Der Amerikanische Uhu ist die größte, aber nicht die schwerste Eule in Nordamerika. Ins Auge fallen die dunklen Ringe des Gesichtsschleiers.

Bartkäuze jagen in waldreichen Gebieten über offenem Wiesengelände, in dem es in Massen Mäuse und Wühlmäuse gibt. Man sieht die Vögel häufig, da sie von hoher Warte aus auf die Jagd gehen.

BARTKAUZ

Der Bartkauz *(Strix nebulosa)* lebt in den ausgedehnten Nadelwäldern im Norden der Alten und Neuen Welt. Seine Gesamtlänge beträgt um 65 Zentimeter, seine Spannweite um 150 Zentimeter, sein Gewicht etwa ein Kilogramm. Unter den elf Arten der Käuze ist er der größte.

Seine großen Horste stehen auf alten Bäumen; die Gelege bestehen aus drei bis sechs Eiern. Er ist überwiegend Standvogel und verläßt sein Brutgebiet nur bei großer Nahrungsknappheit. Seine Beute besteht überwiegend aus Kleinsäugern, vor allem aus Mäusen und Eichhörnchen. Er ist sowohl tags als auch nachts aktiv und jagt meist vom Ansitz aus, seltener im Pirschflug. Wenn er auf Nadelbäumen dicht am Stamm auf Beute lauert, ist er wegen seines dunkelgrauen Gefieders mit dichter schwarzer Bänderung kaum auszumachen. Die Größe des Geleges hängt wie bei vielen Eulen vom Nahrungsangebot ab; in schlechten Jahren wird oft überhaupt nicht gebrütet.

Da Bartkäuze zu allen Tageszeiten jagen, kann man sie manchmal auch am hellichten Tag fliegen sehen. Sie leben vorwiegend in den Wäldern des Nordens und sind deshalb im Sommer daran gewöhnt, daß die Sonne 22 oder 23 Stunden lang über dem Horizont steht.

STREIFENKAUZ

Der Streifenkauz *(Strix varia)* ist in Nord- und Mittelamerika vom südlichen Kanada bis nach Guatemala verbreitet. Dort bewohnt er im Norden Waldgebiete und im Süden vorwiegend Sumpfland. Er hat eine Gesamtlänge von etwa 60 Zentimeter, eine Flügelspannweite bis zu 120 Zentimeter und ein Durchschnittsgewicht von 750 Gramm. Seine großen Augen sind braun, und ohne Ohrfederbüschel ist der Kopf rund. Brust und Rücken sind quer-, Bauch und Flügel längsgebändert. Mit Vorliebe nistet er in hohlen Bäumen, doch benutzt er gelegentlich auch verlassene Krähen- und Falkennester.

Der Streifenkauz ist vorwiegend nachtaktiv, kann aber auch an nebligen und dunklen Tagen tagsüber bei der Jagd beobachtet werden. Er jagt entweder von hoher Warte aus oder im tiefen Pirschflug. Seine Hauptnahrung sind Mäuse, doch schlägt er auch kleine Vögel, Frösche, Eichhörnchen, Kaninchen und gelegentlich Fische.

Ein Streifenkauz mit der charakteristischen Nickhaut über den Augen. Sie schützt die Augen der Vögel vor spitzen Ästen, aber auch bei der Fütterung der Jungen vor deren spitzen Schnäbeln.

Streifenkäuze nisten am liebsten in hohlen Bäumen. Diese Nestlinge sind etwa einen Monat alt.

Da dem Streifenkauz die Ohrfederbüschel fehlen, wirkt sein Kopf rund. Streifenkäuze leben vorwiegend in Wald- und Sumpfgebieten, wo ihre dumpfen Rufe (»Huuh-hu-huuuh«) häufig zu hören sind.

KANINCHENEULE

Die Kanincheneule *(Speotyto cunicularia)* ist im Westen und Süden der Vereinigten Staaten, in ganz Mittelamerika und in Südamerika mit Ausnahme des Amazonasbeckens verbreitet. Kennzeichnend ist für die Kanincheneule, daß sie sich bei Erregung abwechselnd hoch aufrichtet und duckt. Man bezeichnet dies als »Knicksen«. Das braune Gefieder ist dunkelbraun gebändert, die großen Augen sind gelb. Die Flügelspannweite beträgt bis zu 60 Zentimeter. Das Männchen ist etwas größer als das Weibchen, was bei Eulen ungewöhnlich ist.

In ihren südlichen Verbreitungsgebieten ist die Kanincheneule Standvogel; aus nördlicheren Breiten zieht sie im Winter südwärts. Sie bewohnt offene Landschaften, besonders Prärien, wo sie am Tag und in der Dämmerung jagt. Ihre Hauptnahrung sind Insekten aller Art, doch werden auch Kleinsäuger, Eidechsen, Schlangen und Frösche geschlagen. Gejagt wird in der Regel von einer Warte aus. Als Brutplätze dienen ihr verlassene Erdbaue von verschiedenen Säugetieren und größeren Reptilien, doch soll sie gelegentlich auch eigene Baue graben. Wenn ein Feind in die Höhle einzudringen versucht, klappern Alt- und Jungvögel wie Klapperschlangen, was die meisten Angreifer abschreckt.

Diese Kanincheneule hat ein Insekt erbeutet. Gewöhnlich jagen die Eulen von erhöhter Warte aus, von wo aus sie ihr Beuterevier überwachen.

Die Augen der Eulen sind im Gegensatz zu den Greifvogelaugen nicht beweglich. Will die Eule etwas seitwärts Liegendes sehen, muß sie den Kopf drehen. Diese Kanincheneule hat den Fotografen ins Visier genommen.

Die abstehenden Federn am Kopf dieses Vogels erinnerten an die Federkiele, die Büroschreiber in früheren Jahrhunderten hinter dem Ohr zu tragen pflegten. Deshalb wurde der Vogel Sekretär genannt.

SEKRETÄR

Der Sekretär *(Sagittarius serpentarius)* verdankt seinen Namen den langen Haubenfedern, die wie die Federkiele der Bürobeamten früherer Jahrhunderte hinter den Ohren herausragen. Mit den bis zum Laufgelenk befiederten langen Beinen ist der Vogel bis zu 120 Zentimeter hoch (das Weibchen ist etwas kleiner als das Männchen).

Obwohl seine Flügel eine Spannweite bis zu zwei Meter haben, fliegt er nur selten, sondern schreitet gravitätisch durch die Steppe, wobei er täglich oft mehr als dreißig Kilometer zurücklegt. Seine Nahrung sucht er mit dem Schnabel, doch setzt er auch seine Beine ein, um Heuschrecken, Eidechsen und andere kleine Beutetiere aus dem Gras hervorzuscheuchen. Sein kräftiger Fußtritt ermöglicht es ihm, Schlangen zu töten, die seine bevorzugte Beute sind. Die Krallen sind kurz und kräftig.

Verbreitet ist der Sekretär in Afrika südlich der Sahara mit Ausnahme des Kongobeckens und der Insel Madagaskar. Sein Nest steht gewöhnlich vier bis zehn Meter hoch in dornigen Bäumen oder Dorngestrüpp und hat einen Durchmesser von fast zwei Meter. Das Gelege aus zwei oder drei weißen Eiern wird vorwiegend vom Weibchen bebrütet.

Kanincheneulen jagen vornehmlich in der Morgen- und Abenddämmerung, sehen aber auch bei Sonnenlicht gut und können oft den ganzen Tag über aktiv sein. Sie haben außergewöhnlich lange Beine.

Der Sekretär ist der einzige Überlebende einer ansonsten ausgestorbenen Vogelfamilie. Er fliegt nur höchst selten, sondern stelzt auf der Suche nach Schlangen, Eidechsen und Insekten durch das Gras der afrikanischen Savanne.

CARANCHO

Der zu den Geierfalken zählende Carancho *(Polyborus plancus)* wird auch Mexikanischer Adler genannt, weil er der Wappenvogel von Mexiko ist. Er klaftert 120 Zentimeter und hat am Hinterkopf einen aufrichtbaren schwarzen Federschopf; der nackte Schnabelgrund ist leuchtend rot. Brust, Rücken und Schwanz sind stark gebändert.

Der Carancho ist vorwiegend ein Steppenbewohner, der vom Süden der USA über Mittel- und Südamerika bis nach Feuerland und den Falklandinseln anzutreffen ist. Auf seinen langen Beinen stolziert er auf der Suche nach Insekten durch das Gras oder streicht in niederem Pirschflug dahin, doch geht er auch an die Kadaver überfahrener Tiere auf den Landstraßen und an in Flüssen treibendes Aas. Gewöhnlich machen sich zwei bis vier dieser Vögel gemeinsam auf die Jagd.

Dieser junge Karakara sitzt auf einem Stück Treibholz. Wie bei vielen Falkenartigen wird der Kopf von einem Schopf überragt.

Der Carancho oder Mexikanische Adler ist im Süden der Vereinigten Staaten, in Mexiko, Mittelamerika und Teilen Südamerikas beheimatet. Er ernährt sich hauptsächlich von Aas, hat einen leuchtend farbigen Kopf und eine charakteristische Flügelzeichnung.

Ein Karakara mit Jungem im Horst nahe einem Steilufer. Da es auf den Falklandinseln nur wenige Bäume gibt, sind dort die Karakaras zu Bodenbrütern geworden.

SCHWARZFLÜGEL-GLEITAAR

Der Schwarzflügel-Gleitaar *(Elanus caeruleus)* ist in der Alten Welt südlich des 23. Breitengrads verbreitet, also in Afrika, Vorder- und Hinterindien und in Teilen Indonesiens. Er bewohnt offene Landschaften, in denen er vorwiegend Ratten, aber auch Mäuse, Eidechsen, kleine Schlangen, Frösche und Insekten jagt. Er ist ein sehr ortstreuer Standvogel. Besonders aktiv ist er in den frühen Morgenstunden und kurz vor der Abenddämmerung. Er jagt mit großer Geschicklichkeit häufig aus einem Rüttelflug heraus oder vom Ansitz im Laubwerk einzeln stehender Bäume, aus dem er plötzlich hervorstößt.

Das Gefieder ist vorwiegend weiß, die Augen sind rot; auffällig sind die schwarzen Schultern und Flügelspitzen und die leuchtend gelben Füße.

Der europäische Bussard (Mäusebussard) ähnelt in Aussehen und Lebensgewohnheiten dem amerikanischen Rotschwanzbussard. Gewöhnlich sieht man ihn am Rand von offenem Gelände, in dem er Mäuse, Wühlmäuse und andere Nager jagt.

Der Schwarzflügel-Gleitaar ist in Ostafrika weit verbreitet. Während andere Habichtartige ihre Beute im Flug schlagen, jagt der Gleitaar von erhöhter Warte aus kleine Vögel, Mäuse und Insekten.

MÄUSEBUSSARD

Der Mäusebussard *(Buteo buteo)* ist in Europa und in Teilen Nordasiens der häufigste Greifvogel; sein Verbreitungsgebiet reicht von Irland und Spanien im Westen bis zur sibirischen Pazifikküste im Osten. Seine Gesamtlänge beträgt 46 bis 56 Zentimeter, seine Spannweite 120 bis 140 Zentimeter, das Gewicht des Männchens 600 bis 900, das des größeren Weibchens 800 bis 1200 Gramm.

Der Mäusebussard nistet im Wald, doch seine Beute, vorwiegend Feldmäuse, jagt er im Such-Segelflug oder von Warten aus (einzelne Bäume, Feldsteine, Erdhügel) auf der freien Feldflur. Neben Mäusen erbeutet er auch Heuschrecken, Käfer, Schlangen, Blindschleichen, gelegentich auch Regenwürmer und Schnecken.

Die mitteleuropäischen Mäusebussarde sind Standvögel, während die skandinavischen Bussarde Winterquartiere im Süden aufsuchen. Durch Verfolgung durch den Menschen wurden die Bussardbestände in den meisten europäischen Ländern merklich verringert.

Beutetiere, die von den Nestlingen nicht im ganzen verschlungen werden können, werden von den Eltern in kleine Stücke zerrissen. Diese Bussarde fressen Aas.

SPERBER

Der Sperber *(Accipiter nisus)* besiedelt in der Alten Welt die gleichen Lebensräume wie der Habicht, dem der mitteleuropäische Sperber sehr ähnlich sieht, doch ist er mit einer Gesamtlänge bis zu 35 Zentimeter und einer Spannweite bis zu 68 Zentimeter deutlich kleiner. Sein Verbreitungsgebiet reicht von den britischen Inseln im Westen bis zur russischen Pazifikküste im Osten.

Der Horst des Sperbers steht vorzugsweise in Fichtenwäldern und wird im Gegensatz zum Habichthorst nicht mit grünen Zweigen ausgelegt. Bebrütet wird das aus drei bis sechs Eiern bestehende Gelege nur vom 220 bis 300 Gramm schweren Weibchen, da das lediglich 110 bis 130 Gramm wiegende Männchen dazu nicht in der Lage ist, weil es mit seinem kleinen Körper das Gelege nicht bedecken kann. Wie der Habicht ist der Sperber ein Pirsch- und Startfluggreifer, der vorwiegend Vögel schlägt und im Vorderen Orient ein beliebter Beizvogel ist.

Der europäische Sperber zählt zu den Habichtartigen, während sein nordamerikanisches Gegenstück zu den Falkenartigen gehört. Diese Vögel leben und jagen im dichten Wald. Der Nestling ist etwa einen Monat alt.

Ein Sperber schlägt einen kleinen Vogel, den er in Bälde verschlingen wird.

BILDNACHWEIS

Bildnachweis nach Seiten

Seite #	*Fotograf*
3	Art Wolfe
4	Stan Osolinski/Dembinsky Photo Associates
5	Frank Blackburn/Nature Photographers Ltd.
6	Stan Osolinski/Dembinsky Photo Associates
7	Joe McDonald
8	Len Rue Jr.
8–9	Erwin & Peggy Bauer
10	Jim Roetzel/Dembinsky Photo Associates
11	Joe McDonald
12	W. Perry Conway/Tom Stack & Associates
13	Len Rue Jr.
14	Joe McDonald/Tom Stack & Associates
15 (oben)	Stan Osolinski/Dembinsky Photo Associates
15 (unten)	Daniel J. Cox
16	Leonard Lee Rue III
17	Len Rue Jr.
18 (oben)	Len Rue Jr.
18 (unten)	Leonard Lee Rue III
19	Joe McDonald
20	John Shaw/Tom Stack & Associates
21	Robert Lankinen/The Wildlife Collection
22	Stan Osolinski/Dembinsky Photo Associates
23	Art Wolfe
24–25	Roger Tidman/Nature Photographers Ltd.
26	Stan Osolinski/Dembinssky Photo Associates
27 (oben)	Dave Watts/Tom Stack & Associates
27 (unten)	Leonard Lee Rue III
28	Joe McDonald
29	Sharon Cummings/Dembinsky Photo Associates
30	Alan G. Nelson/Dembinsky Photo Associates
31 (oben)	Art Wolfe
31 (unten)	Joe McDonald
32 (oben)	M.C. Wilkes/Aquila Photographics
32 (unten)	W.S. Paton/Nature Photographers Ltd.
33	Leonard Lee Rue III
34 (oben)	Richard Mearns/Nature Photographers Ltd.
34 (unten)	Leonard Lee Rue III
35	Art Wolfe
36	Wayne Lankinen/Aquila Phototgraphics
37 (oben)	Leonard Lee Rue III
37 (unten)	Alan G. Nelson/Dembinsky Photo Associates
38	Wayne Lankinen/Aquila Photographics
39	Daniel J. Cox
40–41	Thomas Kitchin/Tom Stack & Associates
42 (oben)	John W. Warden
42	Daniel J. Cox
43 (links)	Stan Osolinski/Dembinsky Photo Associates
43 (rechts)	E.A. Janes/Nature Photographers Ltd.
44	John W. Warden
45	GG & IM Bates/Aquila Photographics
46	Adam Jones/Dembinsky Photo Associates
46–47	Erwin & Peggy Bauer
48	Ron Kimball
49	Leonard Lee Rue III
50	Julie Cox
51	Len Rue Jr.
52	John W. Warden
53	Fritz Polking/Dembinsky Photo Associates
54 (oben)	Mary Ann McDonald
54 (unten)	Art Wolfe
55	Thomas Kitchin/Tom Stack & Associates
56–57	Art Wolfe
58	Art Wolfe
59	Joe McDonald
60	Robert Lankinen/The Wildlife Collection
61	Gary Meszaros/Dembinsky Photo Associates
62 (oben)	Joe McDonald
62 (unten)	Leonard Lee Rue III
63	Gary Meszaros/Dembinsky Photo Associates
64–65	Art Wolfe
66	Daniel J. Cox
67 (oben)	Rod Planck/Dembinsky Photo Associates
67 (unten)	Joe McDonald
68	Joe McDonald
69 (oben)	Art Wolfe
69 (unten)	Doug Locke/Dembinsky Photo Associates
70	Joe McDonald
71	Daniel J. Cox
72–73	Daniel J. Cox
73	Henne & Jens Erikson/Aquila Photographics
74 (oben)	Stan Oslinski/Dembinsky Photo Associates
74 (unten)	Stan Oslinski/Dembinsky Photo Associates
75 (oben)	Fritz Polking/Dembinsky Photo Associates
75 (unten)	Leonard Lee Rue III
76 (oben)	W. S. Paton/Nature Photographers Ltd.
76 (unten)	Mike Barlow/Dembinsky Photo Associates
77	Philip J. Newman/Nature Photographers Ltd.
78	Roger Wilmshurst/Dembinsky Photo Associates
79	Anthony Mercieca/Dembinsky Photo Associates

Bildnachweis nach Fotografen

Fotograf / Seitenzahl

Mike Barlow 76 (unten)
GG & IM Bates/Aquila Photographics 45
Erwin & Peggy Bauer 8–9, 46–47
Frank Blackburn/Nature Photographers Ltd. 5
W. Perry Conway/Tom Stack & Associates 12
Daniel J. Cox 15 (unten), 39, 42 (unten), 66, 71, 72–73
Julie Cox 50
Sharon Cummings/Dembinsky Photo Associates 29
Henne & Jens Erikson/Aquila Photographics 73
E.A Janes/Nature Phototgraphers Ltd. 43 (rechts)
Adam Jones/Dembinsky Photo Associates 46
Ron Kimball 48
Thomas Kitchin/Tom Stack & Associates 40–41, 55
Robert Lankinen/The Wildlife Collection 21, 60
Wayne Lankinen/Aquila Photographics 36, 38
Doug Locke/Dembinsky Photo Associates 69 (unten)
Richard Mearns/Nature Photographers Ltd. 34 (oben)
Joe McDonald 7, 11, 19, 28, 31 (unten), 59, 62 (oben), 67 (unten), 68, 70
Joe McDonald/Tom Stack & Associates 14
Mary Ann McDonald 54 (oben)
Anthony Mercieca/Dembinsky Photo Associates 79
Gary Meszaros/Dembinsky Photo Associates 61, 63
Alan G. Nelson/Dembinsky Photo Associates 30, 37 (unten)
Philip J. Newman/Nature Photographers Ltd. 77
Stan Osolinski/Dembinsky Photo Associates 4, 6, 15 (oben), 22, 26, 43 (links), 74 (oben & unten)
W.S. Paton/Nature Photographers Ltd. 32 (unten), 76 (oben)
Rod Planck/Dembinsky Photo Associates 67 (oben)
Fritz Polking/Dembinsky Photo Associates 53, 75 (oben)
Jim Roetzel/Dembinsky Photo Associates 10
Leonard Lee Rue III 16, 18 (unten), 27 (unten), 33, 34 (unten), 37 (oben), 49, 62 (unten), 75 (unten)
Len Rue Jr. 8, 13, 17, 18 (oben), 51
John Shaw/Tom Stack & Assoicates 20
Roger Tidman/Nature Phototgraphers Ltd. 24–25
John W. Warden 42 (oben), 44, 52
Dave Watts/Tom Stack & Associates 27 (oben)
M.C. Wilkes/Aquila Photographics 32 (oben)
Roger Wilmshurst/Dembinsky Photo Associates 78
Art Wolfe 3, 23,31 (oben), 35, 54 (unten), 56–57, 58, 64–65, 69 (oben)